Bye-Bye Big Bang
Episod/Episode 3

Bye-Bye Big Bang, Episod/Episode 3

Jan Slowak

Bye-Bye Big Bang
Episod/Episode 3

Översättning/Translation
translate.google.se

Bye-Bye Big Bang, Episod/Episode 3

Copyright © Jan Slowak 2014
Förlag och tryck: BoD
ISBN: 978-91-7463-512-6

Bye-Bye Big Bang, Episod/Episode 3

Till Ida,
min älskade dotter

For Ida,
my beloved daughter

ex nihilo nihil fit

Bye-Bye Big Bang, Episod/Episode 3

Innehåll/Content

1) Svensk/Swedish version .... sida/page 7
2) Engelsk/English version .... sida/page 23

Prolog

I denna artikel gör jag en sammanfattning av mina föregående två artiklar och en ny analys av data som jag har laddat ner den 6 oktober 2014.
Allt handlar om galaxernas rödförskjutning, ljusets spridning genom rymden och den kosmologiska modellen om den Stora Smällen, Big Bang.

Mina argument baseras på analys av data från databasen NED Redshift-Independent Distances från
http://ned.ipac.caltech.edu/Library/Distances/

This research has made use of the NASA/IPAC Extragalactic Database (NED) which is operated by the Jet Propulsion Laboratory, California Institute of Technology, under contract with the National Aeronautics and Space Administration.

Filen jag hade laddat ner den 6 oktober 2014 från NED innehåller 26 790 poster och det är mer än dubbelt så många som jag hade när jag skrev mina två föregående artiklar. Det är endast poster som har både avstånd och rödförskjutning.

Kolumner från NED	Min beteckning
Galaxy ID	GID
D	DNR
G	GNR
D (Mpc)	d
redshift (z)	z

Sammanfattning av artikeln Bye-Bye Big Bang, Episod/Episode 1

Delar av universum med olika avstånd från oss utvidgar sig med samma hastighet, har samma rödförskjutning.

Bye-Bye Big Bang, Episod/Episode 3

T01:

GID	DNR	GNR	d	z
GRB 050904	5291	1141	15 300,00	6,290000
GRB 050904	5285	1141	8 110,00	6,290000
GRB 050908	7890	1824	5 410,00	3,350000
GRB 080810	78331	17514	10 400,00	3,350000
GRB 050922	63244	13737	2 510,00	2,200000
GRB 050922C	67809	14779	7 740,00	2,200000

Hubbles lag: $v = H_0*d$.

Ta det mittersta exemplet: GRB 050908_1 och GRB 080810_2 har samma z (rödförskjutning) som betyder att de rör sig med samma hastighet. Men enligt Hubbles lag är

$v_2/v_1 = H0*d_2/H0*d_1$,

$v_2/v_1 = 10\ 400/5\ 410 = 1,9...$

v_2 är nästan dubbelt så stor som v_1.

Delar av universum som befinner sig på samma avstånd från oss utvidgar sig med olika hastigheter, har olika rödförskjutning.

T02:

GID	DNR	GNR	d	z
SNLS 04D1iv HOST	13707	3323	15 300,00	0,998000
GRB 050904	5291	1141	15 300,00	6,290000
SSA 22a MD041	71692	15791	13 900,00	2,171300
GRB 060522	68731	15053	13 900,00	5,110000
SNLS 05D1cl	999999	3339	12 200,00	0,830000
GRB 050904	5289	1141	12 200,00	6,290000

Dessa två slutsatser är i motsägelse med påståendet att universum utvidgar sig enligt Hubbles lag.

Sammanfattning av artikeln Bye-Bye Big Bang, Episod/Episode 2

Här har jag analyserat och jämfört fyra olika populationer av data som jag kallar urval. För varje objekt från databasen och för varje urval beräknar jag följande:

1) $zd = z/d$,
rödförskjutning delad med avstånd
zd = rödförskjutning per avståndsenhet
enheten för zd är Mpc^{-1}

2) zf = SUMMA(zd) / antal poster i urvalet
zf = rödförskjutningsfaktor
enheten för zf är Mpc^{-1}
denna storhet beräknas en gång per urval

denna faktor visar hur mycket ljuset förskjuts per avståndsenhet, hur mycket ljuset påverkas av rymden genom vilken det passerar

3) $d(z,zf) = z/zf$
$d(z,zf)$ = beräknad avstånd med hjälp av *rödförskjutning* och *rödförskjutningsfaktor*

4) $z(d,zf) = d*zf$

$z(d,zf)$ = beräknad rödförskjutning med hjälp av *avstånd* och *rödförskjutningsfaktor*

5) $dif(d) = d-d(z,zf)$
$dif(d)$ = skillnaden mellan objektets *originalavstånd* och det *beräknade avståndet*

6) $dif(z) = z-z(d,zf)$
$dif(z)$ = skillnaden mellan objektets *originalrödförskjutning* och den *beräknade rödförskjutningen*

Vi tittar närmare på ett exempel (fiktivt) och bedömer innebörden av $dif(z) = z-z(d,zf)$.

Säg att vi har mätt avstånd till ett kosmiskt objekt till 2 Mpc och dess rödförskjutning till 0,000555. Säg att den beräknade *rödförskjutningsfaktor* är 0,000250.

Vi har:
$d = 2\ Mpc$
$z = 0{,}000555$
$zf = 0{,}000250$
$z(d, zf) = d*zf = 2*0{,}000250 = 0{,}000500$
$dif(z) = 0{,}000555 - 0{,}000500 = 0{,}000055$

$dif(z) =$
den absoluta rödförskjutning

Det är denna som visar hur stor objektets verkliga radialhastighet är!

Vi kan säga att *dif(z)* är objektets uppmäta rödförskjutningen minus den rödförskjutning som orsakas av avstånd till objektet.

Med dessa sex nya begrepp jämför jag fyra populationer av data, och kollar hur dessa värden förändras från ett urval till det andra.

Jag gör inte denna analys på nytt här utan visar endast resultatet.

Konsultera gärna min artikel Bye-Bye Big Bang, Episod/Episode 2. Påpekar att där av rena hastighet har jag använt forlmeln dif(z)=z(d,zf)-z som ger omvända siffror i tabelen T03.

Här nedan ser vi i vilken proportion förhåller sig den röda- och den blåa- förskjutningen av ljuset i de fyra urvalen.

T03:

Population	Ant. Obj.	Ant.Röd z	% röd z	Ant.Blå z	% blå z
Urval 0	12 482	4261	34,1	8221	65,9
Urval 1	11 482	3954	34,4	7528	65,6
Urval 2	11 482	4148	36,1	7334	63,9
Urval 3	4 036	1783	44,2	2253	55,8

Denna tabell kommer från artikeln Episod 2.

Nedan gör jag samma analys av 4 olika urval men med data laddade de 6 oktober 2014.

T04:

Population	Ant. Obj.	Ant.Röd z	% röd z	Ant.Blå z	% blå z
Urval 0 = NED	26 790	13018	48,6	13772	51,4
Urval 1	25 790	12720	49,3	13070	50,7
Urval 2	25 790	13489	52,3	12301	47,7
Urval 3	9 674	4950	51,2	4724	48,8

Här ser man att ju flera mätningar av avståndet (med andra metoder än Hubbles lag) vi har desto mer jämlikt blir proportionen mellan antal objekt med röd förskjutning och de med blå förskjutning.

Epilog

Vad innebär detta resultat? Vad kan vi göra med alla dessa nya storheter? Hur kan vi använda de för att ge en mer exakt bild av vårt universum?

Innan vi fortsätter vill jag presentera en tabell med **zf = rödförskjutningsfaktor** från de fyra urvalen.

T05:

Population	Ant. Obj.	zf
Urval 0 = NED	26 790	0,000239
Urval 1	25 790	0,000238
Urval 2	25 790	0,000234
Urval 3	9 674	0,000235

Framöver kommer jag att använda $zf = 0{,}000239$ från Urval 0.

$d(z,zf)$ = beräknad avstånd
De flesta poster från NED och alla poster från SDSS uppvisar endast rödförskjutning men ej avstånd!

Man kan använda **$d(z,zf)$** för att beräkna avstånd till astronomiska objekt om vi har deras rödförskjutning.

dif(z) = den absoluta rödförskjutningen
På grund av att *dif(z) = z-z(d,zf)*, kan vi använda detta begrepp/storhet endast på de objekt där deras avstånd *d* beräknades på annat sätt.

I tabell T04 har vi redan sett hur det ligger till med galaxernas absoluta rörelser!

Vilket resultat! Galaxerna rör sig åt alla håll, det finns ingen påtaglig tendens att de flesta skulle röra sig bort från oss.

Det finns ingen utvidgning!
Det fanns ingen Big Bang!

Därmed skjuter jag min tredje pil i "bubblan" som heter Stora Smällen-teorin!

Bye-Bye Big Bang, Episod/Episode 3

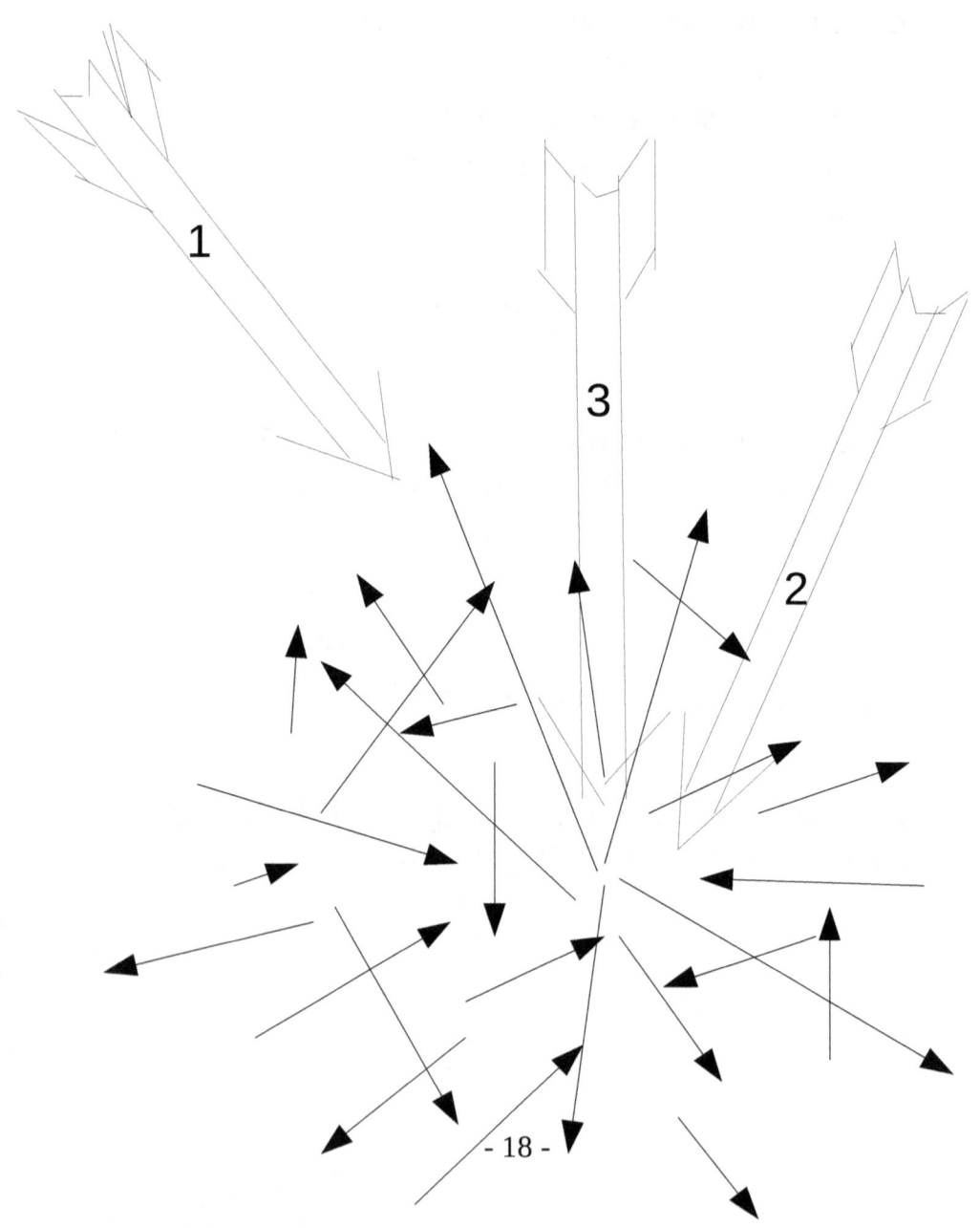

- 18 -

Vi visualiserar våra nya begrepp på två objekt från databasen NED:
1) NGC 5128-52334-11099, z = 0,001830
2) NGC 6946-66626-14432, z = 0,001123
Båda z är > 0 som enligt nuvarande teori innebär att dessa två objekt avlägsnar sig ifrån oss.
Bedöm själv nedan!

NGC 5128 – 52334 – 11099

zf = 0,000239

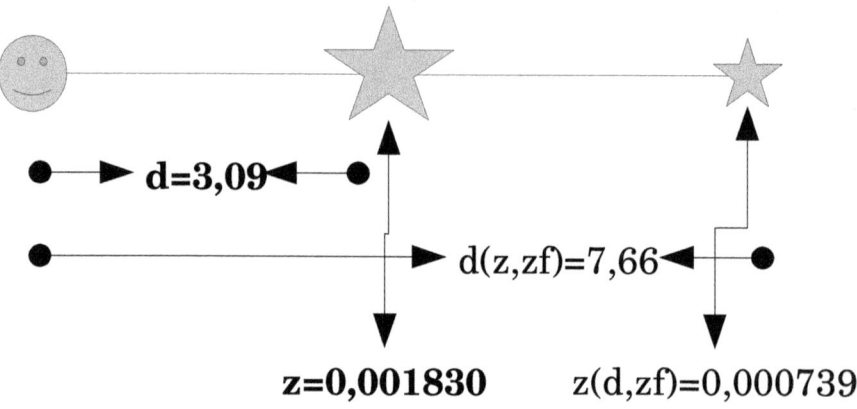

dif(z) = z-z(d,zf) = 0,001830-0,000739 = 0,001091

dif(z) > 0

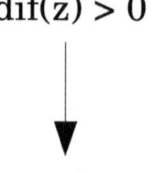

rödförskjutning

NGC 6946 – 66626 – 14432

zf = 0,000239

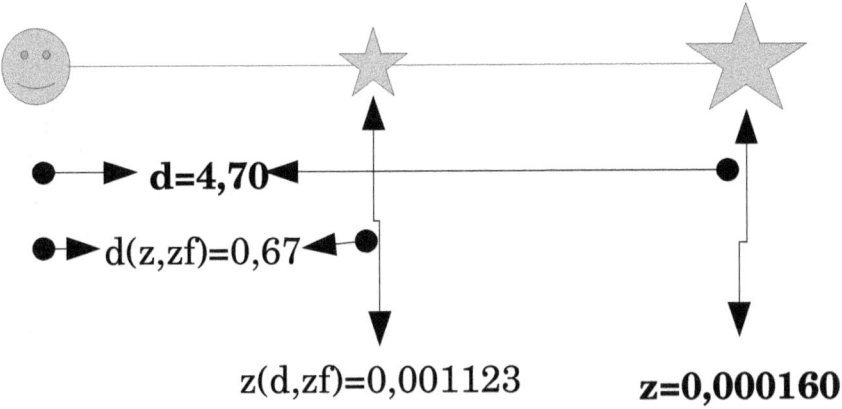

z(d,zf)=0,001123   z=0,000160

dif(z) = z-z(d,zf) = 0,000160-0,001123 = -0,000963

dif(z) < 0

↓

blåförskjutning

Bye-Bye Big Bang, Episod/Episode 3

Bye-Bye Big Bang, Episod/Episode 3

Prolog

In this article I did a summary of my previous two articles and a new analysis of the data I have downloaded on October 6, 2014.
It's all about redshift of the galaxies, the propagation of light through space and the cosmological model of the Big Bang.

My argument is based on analysis of data from the database NED Redshift-Independent Distances from
http://ned.ipac.caltech.edu/Library/Distances/

This research has made use of the NASA / IPAC extragalactic Database (NED) Which is operated by the Jet Propulsion Laboratory, California Institute of Technology, under contract with the National Aeronautics and Space Administration.

The file I had downloaded the October 6, 2014 from NED contains 26 790 entries, and it is more than twice as many as I had when I wrote my two previous articles. However, the file contains only items that have both distance and redshift.

Kolumner från NED	Min beteckning
Galaxy ID	GID
D	DNR
G	GNR
D (Mpc)	d
redshift (z)	z

Summary of the article
Bye-Bye Big Bang, Episod/Episode 1

Parts of universe with different distances from us expand at the same speed, have the same red shift.

Bye-Bye Big Bang, Episod/Episode 3

T01:

GID	DNR	GNR	d	z
GRB 050904	5291	1141	15,300	6.290000
GRB 050904	5285	1141	8,110	6.290000
GRB 050908	7890	1824	5,410	3.350000
GRB 080810	78331	17514	10,400	3.350000
GRB 050922	63244	13737	2,510	2.200000
GRB 050922C	67809	14779	7,740	2.200000

Hubble's law: $v = H_0 * d$.

Take the middle one example: GRB 050908$_1$ and GRB 080810$_2$ has the same z (redshift), which means that they move with the same speed. But according to Hubble's law

$v_2/v_1 = H_0 * d_2 / H_0 * d_1$,

$v_2/v_1 = 10\ 400 / 5\ 410 = 1.9\ ...$

v_2 is almost twice that of v_1.

Parts of the universe that is at the same distance from us expand at different speed, have different redshift.

Bye-Bye Big Bang, Episod/Episode 3

T02:

GID	DNR	GNR	d	z
SNLS 04D1iv HOST	13707	3323	15,300	0.998000
GRB 050904	5291	1141	15,300	6.290000
SSA 22a MD041	71692	15791	13,900	2.171300
GRB 060522	68731	15053	13,900	5.110000
SNLS 05D1cl	999999	3339	12,200	0.830000
GRB 050904	5289	1141	12,200	6.290000

These two conclusions are in contradiction with the claim that the universe expands according to Hubble's law.

Summary of the article
Bye-Bye Big Bang, Episod/Episode 2

Here I have analyzed and compared four different populations of data that I call selections. For each object from the database and for each sample I calculate the following:

1) $zd = z/d$,
redshift divided by distance

Bye-Bye Big Bang, Episod/Episode 3

zd = redshift per unit distance
unit of zd is Mpc^{-1}

2) $zf = SUM(zd) /$ number of items in the sample
zf = redshift factor
unit of zf is Mpc^{-1}
This quantity is calculated once per sample

This factor indicates how much light is shifted per unit distance, how much light is affected by the space through which it passes

3) $d(z, zf) = z / zf$
$d(z, zf)$ = calculated distance using redshift and redshift factor

4) $z(d, zf) = d*zf$
$z(d, zf)$ = calculated redshift using distance

and *redshift factor*

5) *dif(d) = d-d(z, zf)*
dif(d) = the difference between the object's *original distance* and *the calculated distance*

6) *dif(z) = z-z(d, zf)*
dif(z) = the difference between the object's *original redshift* and *the calculated redshift*

We look at an example and assess the significance of dif(z) = z-z(d, zf).

Say that we have measured the distance to a cosmic object to 2 Mpc and the redshift of 0.000555. Say that the estimated *redshift factor* is 0.000250.

We have:
d = 2 Mpc

Bye-Bye Big Bang, Episod/Episode 3

$z = 0.000555$
$zf = 0.000250$
$z(d, zf) = d*zf = 2 * 0.000250 = 0.000500$
$dif(z) = 0.000555 - 0.000500 = 0.000055$

$dif(z)$ = the absolute redshift

It is this which shows the object's radial velocity is!

We can say that dif(z) is the object's real redshift minus the redshift caused by the distance to the object.

With these six new concepts, I compare four populations of data, and check how these values change from one sample to the other.

I do not do this analysis again but I only shows the result.
Please consult my article Bye-Bye Big Bang, Episod/Episode 2. I Point out that by pure

Bye-Bye Big Bang, Episod/Episode 3

speed, I have used the formula $dif(z) = z(d, zf) - z$ providing reverse digits in table T03.

Here below we see in what proportion the red- and blue- shift of the light in the four samples is.

T03:

Population	Num obj	Num blue z	% blue z	Num red z	% red z
Selection 0	12,482	4,261	34.1	8,221	65.9
Selection 1	11,482	3,954	34.4	7,528	65.6
Selection 2	11,482	4,148	36.1	7,334	63.9
Selection 3	4,036	1,783	44.2	2,253	55.8

This table comes from the article Episode 2.

Below I did the same analysis of four different selection but with data loaded on Oktober 6, 2014.

Bye-Bye Big Bang, Episod/Episode 3

T04:

Population	Num obj	Num blue z	% blue z	Num red z	% red z
Selection 0	26,790	13,018	48.6	13,772	51.4
Selection 1	25,790	12,720	49.3	13,070	50.7
Selection 2	25,790	13,489	52.3	12,301	47.7
Selection 3	9,674	4,950	51.2	4,724	48.8

Here we can see that the more measurements of the distance (using methods other than Hubble's law) we have, the more equal is the ratio between the number of objects with red shift and blue shift.

Epilogue

What shows this result? What can we do with all these new concepts? How can we use them to provide a more accurate picture of our universe?

Before we continue I would like to present a table with zf = *redshift factor* from the four samples.

T05:

Population	Num obj	zf
Selection 0	26,790	0.000239
Selection 1	25,790	0.000238
Selection 2	25,790	0.000234
Selection 3	9,674	0.000235

Going forward, I will use
zf = 0.000239 from Selection 0.

d(z, zf) = calculated distance
Most entries from NED and all records from the SDSS shows only redshift but not distance! We can use the ***d(z, zf)*** to calculate the distance to astronomical objects if we have their redshift.

dif(z) = the absolute redshift
Because the *dif(z) = z-z(d, zf)*, we can use this concept/greatness only on the objects where their distance *d* is calculated in other ways.

In table T04, we have already seen how it is with the galaxies and their absolute movements!

What a result! Galaxies move in all directions, there is no obvious tendency that most of galaxies would be moving away from us.

There is no expansion!
There was no Big Bang!

Thus I shoot my third arrow in the "bubble" called the Big Bang Theory!

We visualize our new concept of two objects from the database NED:

1) NGC 5128-52334-11099,
d=3.09 and z = 0.001830

2) NGC 6946-66626-14432,
d=4.70 and z = 0.001123

Both *z is > 0*, which according to current theory implies that these two objects moving

away from us.
Judge for yourself below!

NGC 5128–52334–11099

zf = 0.000239

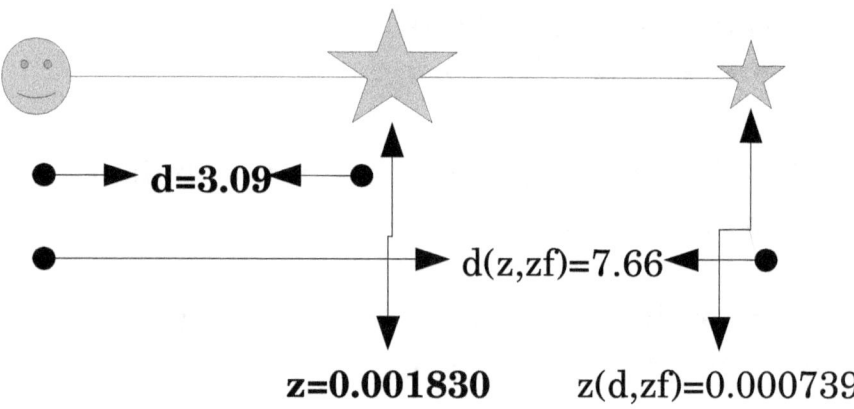

dif(z) = z-z(d,zf) = 0.001830-0.000739 = 0.001091

dif(z) > 0

↓

redshift

NGC 6946–66626–14432

zf = 0.000239

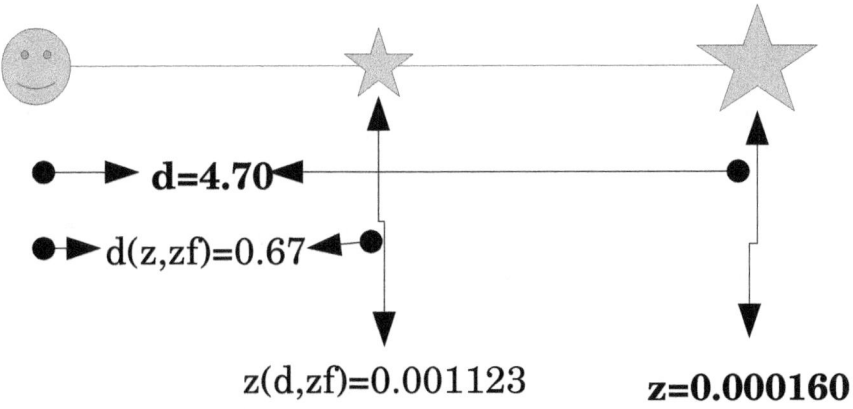

dif(z) = z-z(d,zf) = 0.000160-0.001123 = -0.000963

dif(z) < 0

↓

blushift

Bye-Bye Big Bang, Episod/Episode 3

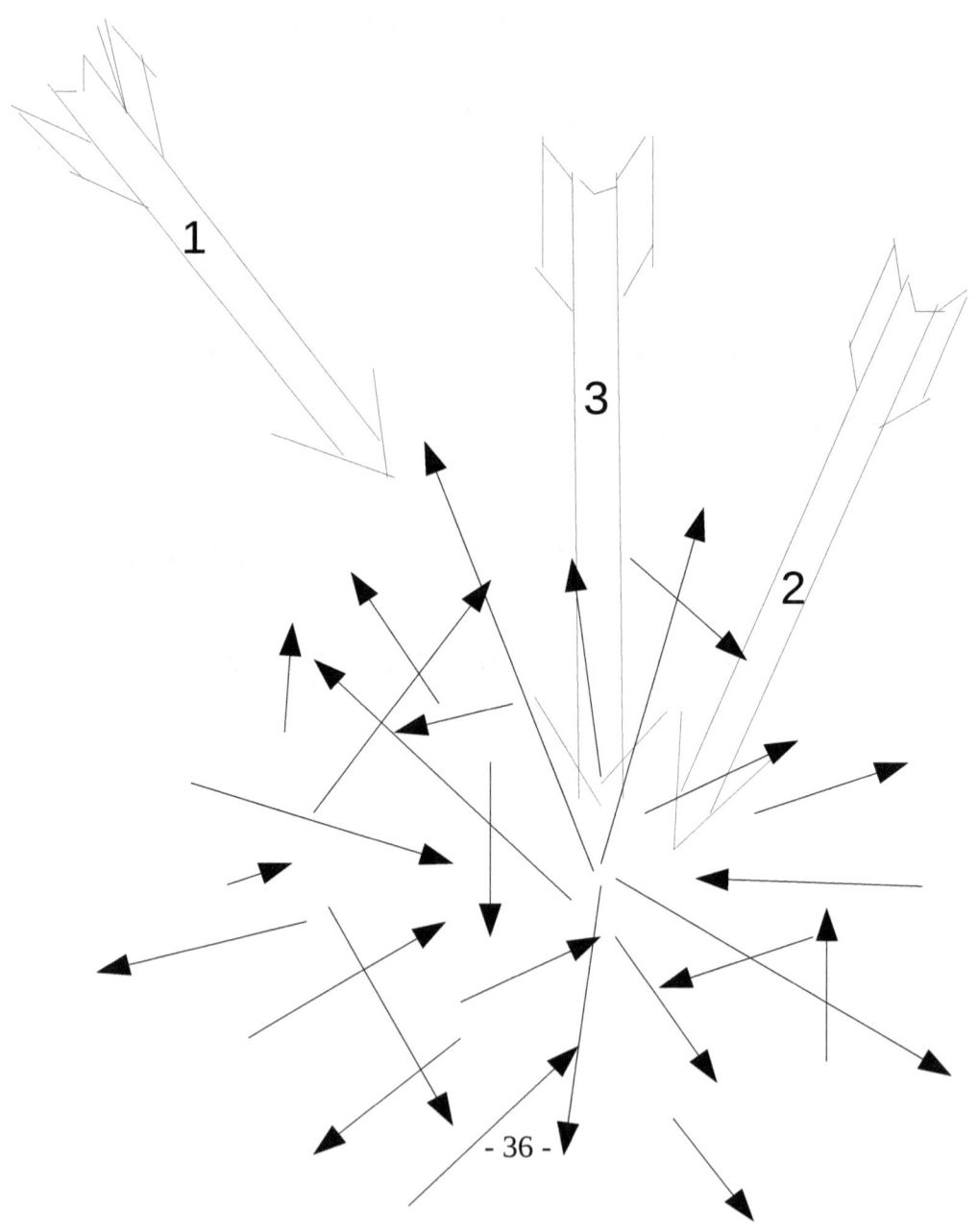

- 36 -